SUKEN NOTEBOOK

# チャート式
# 基礎からの　数学II

# 完 成 ノ ー ト

## 【式と証明，複素数と方程式】

本書は，数研出版発行の参考書「チャート式 基礎からの　数学II」の
第1章「式と証明」，　第2章「複素数と方程式」
の例題と練習の全問を掲載した，書き込み式ノートです。
本書を仕上げていくことで，自然に実力を身につけることができます。

## 目　次

# 1．3次式の展開と因数分解，二項定理

**基本 例題 1**　□ ▷ 解説動画

$(2x-3)^5$ の展開式を求めよ。

**練習** (基本) **1**　次の式を展開せよ。

(1)　$(a+2b)^7$

(2)　$(2x-y)^6$

(3)　$(3x-2)^5$

(4)　$\left(2m+\dfrac{n}{3}\right)^6$

**基本 例題 2**  □ ▶解説動画

$(a-2b)^6$ の展開式で，$a^5b$ の項の係数は ⁷☐，$a^2b^4$ の項の係数は ⁱ☐ である。また，

$\left(x^2-\dfrac{2}{x}\right)^6$ の展開式で，$x^6$ の項の係数は ⁿ☐，定数項は ᵉ☐ である。

**練習** (基本) **2**　次の式の展開式における，[　]内に指定されたものを求めよ。

(1)　$(x+2)^7$　　[$x^4$ の係数]

**4**

(2) $(x^2-1)^7$      $[x^4, \ x^3 \ \text{の係数}]$

(3) $\left(x^2+\dfrac{1}{x}\right)^{10}$    $[x^{11} \ \text{の係数}]$

(4) $\left(2x^4-\dfrac{1}{x}\right)^{10}$   $[\text{定数項}]$

**基本 例題 3**

次の式の展開式における，[　]内に指定された項の係数を求めよ。

(1) $(x+2y+3z)^4$ 　[ $x^2yz$ ]

(2) $(1+x+x^2)^8$ 　[ $x^4$ ]

**練習** (基本) **3** 次の展開式における，[ ] 内に指定された項の係数を求めよ。

(1)  $(1+2a-3b)^7$    $[a^2b^3]$

(2)  $(x^2-3x+1)^{10}$    $[x^3]$

**基本 例題 4**

$\left(x+\dfrac{1}{x^2}+1\right)^5$ の展開式における定数項を求めよ。

**練習** (基本) **4**　次の展開式における，[　]内に指定された項の係数を求めよ。

(1)　$\left(x^2 - x^3 - \dfrac{3}{x}\right)^5$　　$[x^7]$

(2) $\left(a+b+\dfrac{1}{a}+\dfrac{1}{b}\right)^7$ $\quad [ab^2]$

**基本 例題 5**

(1) $k_n\mathrm{C}_k = n_{n-1}\mathrm{C}_{k-1}$ $(n \geqq 2,\ k=1,\ 2,\ \cdots\cdots,\ n)$ が成り立つことを証明せよ。

(2) $(1+x)^n$ の展開式を利用して，次の等式を証明せよ。

（ア） $_n\mathrm{C}_0 + {}_n\mathrm{C}_1 + {}_n\mathrm{C}_2 + \cdots\cdots + {}_n\mathrm{C}_r + \cdots\cdots + {}_n\mathrm{C}_n = 2^n$

（イ） $_n\mathrm{C}_0 - {}_n\mathrm{C}_1 + {}_n\mathrm{C}_2 - \cdots\cdots + (-1)^r{}_n\mathrm{C}_r + \cdots\cdots + (-1)^n{}_n\mathrm{C}_n = 0$

（ウ） $_n\mathrm{C}_0 - 2{}_n\mathrm{C}_1 + 2^2{}_n\mathrm{C}_2 - \cdots\cdots + (-2)^r{}_n\mathrm{C}_r + \cdots\cdots + (-2)^n{}_n\mathrm{C}_n = (-1)^n$

**練習**(基本)**5** 次の等式が成り立つことを証明せよ。

(1) $_nC_0 - \dfrac{_nC_1}{2} + \dfrac{_nC_2}{2^2} - \cdots\cdots + (-1)^n \dfrac{_nC_n}{2^n} = \dfrac{1}{2^n}$

(2) $n$ が奇数のとき $_nC_0 + {}_nC_2 + \cdots\cdots + {}_nC_{n-1} = {}_nC_1 + {}_nC_3 + \cdots\cdots + {}_nC_n = 2^{n-1}$

(3) $n$ が偶数のとき $_nC_0 + {}_nC_2 + \cdots\cdots + {}_nC_n = {}_nC_1 + {}_nC_3 + \cdots\cdots + {}_nC_{n-1} = 2^{n-1}$

□ ▷ 解説動画

**重** **要** 例題 6

(1) 次の数の下位 5 桁を求めよ。

(ア) $101^{100}$

(イ) $99^{100}$

(2) $29^{51}$ を 900 で割ったときの余りを求めよ。

**練習** (重要) **6** (1) $101^{15}$ の百万の位の数は ☐ である。

(2) $21^{21}$ を 400 で割ったときの余りを求めよ。

重|要| 例題 7

$k$ を自然数とする。$2^k$ を 7 で割った余りが 4 であるとき，$k$ を 3 で割った余りは 2 であることを示せ。

**練習** (重要) **7**　正の整数 $n$ で $n^n+1$ が 3 で割り切れるものをすべて求めよ。

## 2．多項式の割り算

### 基 本 例題 8

解説動画

(1) 次の多項式 $A$ を多項式 $B$ で割った商と余りを求めよ。
$$A=2x^3-5x^2-5, \quad B=2x-1$$

(2) 次の式 $A$，$B$ を $x$ についての多項式とみて，$A$ を $B$ で割った商と余りを求めよ。
$$A=2x^3+10y^3-3xy^2, \quad B=x+2y$$

**練習** (基本) **8** (1) 次の多項式 $A$ を多項式 $B$ で割った商と余りを求めよ。

(ア) $A = 3x^2 + 5x + 4$, $B = x + 1$

(イ) $A = 2x^4 - 6x^3 + 5x - 3$, $B = 2x^2 - 3$

(2) 次の式 $A$, $B$ を $x$ についての多項式とみて，$A$ を $B$ で割った商と余りを求めよ。

$$A = 3x^3 + 4y^3 - 11x^2y, \quad B = 3x - 2y$$

**基本 例題 9**

(1) $2x^2-x-1$ で割ると，商が $4x+5$，余りが $-2x+1$ である多項式 $A$ を求めよ。

(2) $x^4+3x^3+2x^2-1$ を多項式 $B$ で割ると，商が $x^2+1$，余りが $-3x-2$ である。多項式 $B$ を求めよ。

**練習** (基本)**9** (1) $2x^2+x-2$ で割ると，商が $-3x+5$，余りが $-2x+4$ である多項式 $A$ を求めよ。

(2) $3x^3-2x^2+1$ をある多項式 $B$ で割ると，商が $x+1$，余りが $x-3$ であるという。多項式 $B$ を求めよ。

## 3．分数式とその計算

### 基本 例題 10

(1) 次の分数式を約分して，既約分数式にせよ。

(ア) $\dfrac{9ax^2y}{18a^3xy^2}$

(イ) $\dfrac{x^2-4x+3}{2x^2-2x-12}$

(2) 次の計算をせよ。

(ア) $\dfrac{2xy}{3ab} \times \dfrac{9a^2b^3}{8x^3y}$

(イ) $\dfrac{x^2+2x}{x^2+4x+3} \times \dfrac{x+3}{x^2+x-2} \div \dfrac{x+1}{x-1}$

### 練習 (基本) 10

(1) 次の分数式を約分して，既約分数式にせよ。

(ア) $\dfrac{4a^2bc^3}{12ab^3c}$

(イ) $\dfrac{a^4+a^3-2a^2}{a^2-4}$

（ウ）　$\dfrac{x^4 - y^4}{(x - y)(x^3 + y^3)}$

(2)　次の計算をせよ。

（ア）　$\dfrac{8x^3 z}{9bc^3} \times \dfrac{27abc}{4xyz^2}$

（イ）　$\dfrac{a + b}{a^2 + b^2} \times \dfrac{a^3 + ab^2}{a^2 - b^2}$

（ウ）　$\dfrac{x^2 + 5x + 4}{x^2 + 2x} \div \dfrac{x + 4}{x} \times \dfrac{1}{x + 1}$

## 基本 例題 11

次の計算をせよ。

(1)　$\dfrac{x + 1}{x^2 + 2x - 3} - \dfrac{x}{x^2 - 9}$

(2) $\dfrac{4}{x^2+4}-\dfrac{1}{x-2}+\dfrac{1}{x+2}$

**練習** (基本) **11**　次の計算をせよ。

(1) $\dfrac{2x+7}{x^2+6x+8}-\dfrac{x-4}{x^2-4}$

(2) $\dfrac{a+b}{a-b}+\dfrac{a-b}{a+b}-\dfrac{2(a^2-b^2)}{a^2+b^2}$

**基本 例題 12**

次の計算をせよ。

(1) $\dfrac{1}{b-a}\left(\dfrac{1}{x+a}-\dfrac{1}{x+b}\right)$

(2) $\dfrac{1}{(x+1)(x+3)}+\dfrac{1}{(x+3)(x+5)}+\dfrac{1}{(x+5)(x+7)}$

**練習** (基本) **12**　次の計算をせよ。

(1) $\dfrac{1}{(x-1)x}+\dfrac{1}{x(x+1)}+\dfrac{1}{(x+1)(x+2)}$

(2) $\dfrac{2}{(n-2)n}+\dfrac{2}{n(n+2)}+\dfrac{2}{(n+2)(n+4)}$

**基本 例題 13**

解説動画

次の計算をせよ。

(1) $\dfrac{x^2+4x+5}{x+3} - \dfrac{x^2+5x+6}{x+4}$

(2) $\dfrac{x+4}{x+2} - \dfrac{x+5}{x+1} - \dfrac{x-5}{x-1} + \dfrac{x-4}{x-2}$

**練習** (基本) **13** 次の計算をせよ。

(1) $\dfrac{x^2+2x+3}{x} - \dfrac{x^2+3x+5}{x+1}$

(2) $\dfrac{x+1}{x+2} - \dfrac{x+2}{x+3} - \dfrac{x+3}{x+4} + \dfrac{x+4}{x+5}$

## 基本 例題 14

次の式を簡単にせよ。

(1) $\dfrac{x - \dfrac{1}{x}}{\dfrac{2}{x+1} - \dfrac{1}{x}}$

(2) $\dfrac{1}{1 - \dfrac{1}{1 - \dfrac{2}{2+a}}}$

**練習** (基本) **14**　次の式を簡単にせよ。

(1)　$\dfrac{x-1+\dfrac{2}{x+2}}{x+1-\dfrac{2}{x+2}}$

(2)　$\dfrac{\dfrac{1}{1-x}+\dfrac{1}{1+x}}{\dfrac{1}{1-x}-\dfrac{1}{1+x}}$

(3)　$\dfrac{1}{1+\dfrac{1}{1+\dfrac{1}{x+1}}}$

# 4. 恒　等　式

## 基本 例題 15

次の等式が $x$ についての恒等式となるように，定数 $a$, $b$, $c$, $d$ の値を定めよ。

$$-2x^3 + 8x^2 + ax + b + 10 = (2x^2 + 3)(cx + d)$$

**練習** (基本) **15**　次の等式が $x$ についての恒等式となるように，定数 $a$, $b$, $c$, $d$ の値を定めよ。

$$ax^3 + 25x^2 + bx + 6 = (x + 3)(cx + 1)(3x + d)$$

## 基本 例題 16

次の等式が $x$ についての恒等式となるように，定数 $a$, $b$, $c$ の値を定めよ。

$$ax(x + 1) + bx(x - 3) - c(x - 3)(x + 1) = 6x^2 + 7x + 21$$

**練習** (基本) **16**　次の等式が $x$ についての恒等式となるように，定数 $a$, $b$, $c$ の値を定めよ。

(1)　$a(x-1)^2+b(x-1)+c=x^2+1$

(2)　$4x^2-13x+13=a(x^2-1)+b(x+1)(x-2)+c(x-2)(x-1)$

**基本 例題 17**

次の等式が $x$ についての恒等式となるように，定数 $a$, $b$, $c$ の値を定めよ。

$$\frac{-2x^2+6}{(x+1)(x-1)^2} = \frac{a}{x+1} - \frac{b}{x-1} + \frac{c}{(x-1)^2}$$

**練習** (基本) **17** 等式 $\dfrac{1}{(x+1)(x+2)(x+3)} = \dfrac{a}{x+1} + \dfrac{b}{x+2} + \dfrac{c}{x+3}$ が $x$ についての恒等式となるように，定数 $a$, $b$, $c$ の値を定めよ。

**基本 例題 18**

$x$ の多項式 $x^3 + ax^2 + 3x + 5$ を多項式 $x^2 - x + 2$ で割ると，商が $bx + 1$，余りが $R$ であった。このとき，定数 $a$, $b$ の値と $R$ を求めよ。ただし，$R$ は $x$ の多項式または定数であるとする。

**練習** (基本) **18** (1) $x$ の多項式 $2x^3 + ax^2 + x + 1$ を多項式 $x^2 + x + 1$ で割ると，商が $bx - 1$，余りが $R$ であった。このとき，定数 $a$, $b$ の値と $R$ を求めよ。ただし，$R$ は $x$ の多項式または定数であるとする。

(2) $x$ の多項式 $x^3 - x^2 + ax + b$ が多項式 $x^2 + x + 1$ で割り切れて，商が $x$ の多項式 $Q$ であるという。このとき，定数 $a$, $b$ の値と $Q$ を求めよ。

**基本 例題 19**

解説動画

次の等式が $x$, $y$ についての恒等式となるように，定数 $a$, $b$, $c$ の値を定めよ。

$$x^2 + xy - 12y^2 - 3x + 23y + a = (x - 3y + b)(x + 4y + c)$$

**練習** (基本) **19** 次の等式が $x$, $y$ についての恒等式となるように，定数 $a$, $b$, $c$ の値を定めよ。

$$6x^2 + 17xy + 12y^2 - 11x - 17y - 7 = (ax + 3y + b)(cx + 4y - 7)$$

## 基本 例題 20

$x+y-z=0$, $2x-2y+z+1=0$ を満たす $x$, $y$, $z$ のすべての値に対して $ax^2+by^2+cz^2=1$ が成り立つという。

(1) $y$, $z$ を $x$ の式で表せ。

(2) 定数 $a$, $b$, $c$ の値を求めよ。

**練習** (基本) **20**　$x$, $y$, $z$ に対して, $x-2y+z=4$ および $2x+y-3z=-7$ を満たすとき, $ax^2+2by^2+3cz^2=18$ が成立する。このとき, 定数 $a$, $b$, $c$ の値を求めよ。

重要 例題 21

多項式 $f(x)$ はすべての実数 $x$ について $f(x+1)-f(x)=2x$ を満たし，$f(0)=1$ であるという。このとき，$f(x)$ を求めよ。

**練習** (重要) **21** $f(x)$ は最高次の係数が 1 である多項式であり，正の定数 $a$, $b$ に対し，常に $f(x^2) = \{f(x) - ax - b\}(x^2 - x + 2)$ が成り立っている。このとき，$f(x)$ の次数および $a$, $b$ の値を求めよ。

## 5. 等式の証明

**基本** 例題 22

解説動画

次の等式を証明せよ。

(1) $a^5 - b^5 = (a-b)(a^4 + a^3b + a^2b^2 + ab^3 + b^4)$

(2) $(a-b)^2 + (b-c)^2 + (c-a)^2 = 2(a+b+c)^2 - 6(ab+bc+ca)$

**練習** (基本) **22** 次の等式を証明せよ。

(1) $(x-2)(x^5 + 2x^4 + 4x^3 + 8x^2 + 16x + 32) = x^6 - 64$

(2) $(a^2 + b^2 + c^2)(x^2 + y^2 + z^2) - (ax + by + cz)^2 = (ay - bx)^2 + (bz - cy)^2 + (cx - az)^2$

**基 本 例題 23**

$a+b+c=0$ のとき，次の等式が成り立つことを証明せよ。

(1) $a^2+2b^2-c^2+3ab+bc=0$

(2) $a^3+b^3+c^3=-3(a+b)(b+c)(c+a)$

**練習** (基本) **23** $a+b+c=0$ のとき，次の等式が成り立つことを証明せよ。

$$\frac{a^2}{(a+b)(a+c)}+\frac{b^2}{(b+c)(b+a)}+\frac{c^2}{(c+a)(c+b)}=3$$

36

**基本 例題 24** 

解説動画

(1) $\dfrac{a}{b}=\dfrac{c}{d}$ のとき，等式 $\dfrac{a^2+c^2}{a^2-c^2}=\dfrac{ab+cd}{ab-cd}$ が成り立つことを証明せよ。

(2) $\dfrac{a}{b}=\dfrac{c}{d}=\dfrac{e}{f}$ のとき，等式 $\dfrac{a+c}{b+d}=\dfrac{a+c+e}{b+d+f}$ が成り立つことを証明せよ。

**練習 (基本) 24** (1) $\dfrac{a}{b}=\dfrac{c}{d}$ のとき，等式 $ab(c^2+d^2)=cd(a^2+b^2)$ が成り立つことを証明せよ。

(2) $\dfrac{a}{b}=\dfrac{c}{d}=\dfrac{e}{f}$ のとき，等式 $\dfrac{a}{b}=\dfrac{pa+qc}{pb+qd}=\dfrac{pa+qc+re}{pb+qd+rf}$ が成り立つことを証明せよ（この等式の関係を加比の理という）。

**基本 例題 25**

(1) $\dfrac{x+y}{5}=\dfrac{y+z}{6}=\dfrac{z+x}{7}$ $(\neq 0)$ のとき，$\dfrac{xy+yz+zx}{x^2+y^2+z^2}$ の値を求めよ。

(2) $\dfrac{b+c}{a}=\dfrac{c+a}{b}=\dfrac{a+b}{c}$ のとき，この式の値を求めよ。

練習 (基本) **25** (1) $\dfrac{x+y}{6} = \dfrac{y+z}{7} = \dfrac{z+x}{8}$ $(\neq 0)$ のとき, $\dfrac{x^2 - y^2}{x^2 + xz + yz - y^2}$ の値を求めよ。

(2) $\dfrac{a+1}{b+c+2}=\dfrac{b+1}{c+a+2}=\dfrac{c+1}{a+b+2}$ のとき，この式の値を求めよ。

40

**例題 26**

$a,\ b,\ c$ は実数とする。

(1) $abc=1,\ a+b+c=ab+bc+ca$ のとき，$a,\ b,\ c$ のうち少なくとも 1 つは 1 であることを証明せよ。

(2) $a+b+c=ab+bc+ca=3$ のとき，$a,\ b,\ c$ はすべて 1 であることを証明せよ。

**練習**（重要）**26**　$a,\ b,\ c$ は実数とする。

(1) $\dfrac{1}{a}+\dfrac{1}{b}+\dfrac{1}{c}=\dfrac{1}{a+b+c}$ のとき，$a,\ b,\ c$ のうち，どれか 2 つの和は 0 であることを証明せよ。

(2) $a^2+b^2+c^2+d^2=a+b+c+d=4$ のとき，$a=b=c=d=1$ であることを証明せよ。

## 6．不等式の証明

### 基 本 例題 27

次のことを証明せよ。

(1) $a>b>0,\ c>d>0$ のとき $\quad ac>bd$

(2) $a>b>0$ のとき $\quad \dfrac{a}{1+a}>\dfrac{b}{1+b}$

(3) $a>1,\ b>2$ のとき $\quad ab+2>2a+b$

**練習** (基本) **27**　次のことを証明せよ。

(1)　$a \geqq b$, $x \geqq y$ のとき　　$(a+2b)(x+2y) \leqq 3(ax+2by)$

(2)　$2a > b > 0$ のとき　　$\dfrac{b}{a} < \dfrac{b+2}{a+1}$

(3)　$x \geqq y \geqq z$ のとき　　$xy + yz \geqq zx + y^2$

**基本** 例題 28

次の不等式を証明せよ。また，等号が成り立つのはどのようなときか。

(1) $x^2 - 6xy + 10y^2 \geqq 4y - 4$

(2) $(a^2 + b^2)(x^2 + y^2) \geqq (ax + by)^2$

**練習** (基本) **28** 次の不等式を証明せよ。また，等号が成り立つのはどのようなときか。

(1) $a^2 + ab + b^2 \geqq a - b - 1$

(2) $2(x^2 + y^2) \geqq (x + y)^2$

### 基本 例題 29

次の不等式が成り立つことを証明せよ。また，等号が成り立つのはどのようなときか。

(1) $a \geqq 0$, $b \geqq 0$ のとき $5\sqrt{a} + 3\sqrt{b} \geqq \sqrt{25a + 9b}$

(2) $a \geqq 0$, $b \geqq 0$ のとき $\sqrt{a} + \sqrt{b} \leqq \sqrt{2(a + b)}$

**練習** (基本) **29**　次の不等式が成り立つことを証明せよ。また，等号が成り立つのはどのようなときか。

(1)　$a \geqq 0$, $b \geqq 0$ のとき　$7\sqrt{a} + 2\sqrt{b} \geqq \sqrt{49a + 4b}$

(2)　$a \geqq b \geqq 0$ のとき　$\sqrt{a-b} \geqq \sqrt{a} - \sqrt{b}$

**基本 例題 30**　　　　　　　　　　　　　　　　　　　　　□

次の不等式を証明せよ。

(1)　$|a + b| \leqq |a| + |b|$

(2)  $|a| - |b| \leqq |a + b|$

(3)  $|a + b + c| \leqq |a| + |b| + |c|$

**練習** (基本) **30**  (1)  不等式 $\sqrt{a^2 + b^2 + 1}\,\sqrt{x^2 + y^2 + 1} \geqq |ax + by + 1|$ を証明せよ。

(2)  不等式 $|a + b| \leqq |a| + |b|$ を利用して，次の不等式を証明せよ。

 （ア） $|a - b| \leqq |a| + |b|$

 （イ） $|a| - |b| \leqq |a - b|$

**重要 例題 31**

次の不等式が成り立つことを証明せよ。

(1) $a \geqq b$, $x \geqq y$ のとき $(a+b)(x+y) \leqq 2(ax+by)$

(2) $a \geqq b \geqq c$, $x \geqq y \geqq z$ のとき $(a+b+c)(x+y+z) \leqq 3(ax+by+cz)$

**練習** (重要) **31** (1)　次の不等式を証明せよ。

(ア)　$a^2 + b^2 + c^2 \geqq ab + bc + ca$

(イ)　$a^4 + b^4 + c^4 \geqq abc(a + b + c)$

(2)　次の不等式が成り立つことを証明せよ。

(ア)　$x \geqq 0,\ y \geqq 0$ のとき　$\dfrac{x}{1+x} + \dfrac{y}{1+y} \geqq \dfrac{x+y}{1+x+y}$

（イ）　$x \geqq 0$，$y \geqq 0$，$z \geqq 0$ のとき　$\dfrac{x}{1+x} + \dfrac{y}{1+y} + \dfrac{z}{1+z} \geqq \dfrac{x+y+z}{1+x+y+z}$

## 基本 例題 32

$a$，$b$ は正の数とする。次の不等式が成り立つことを証明せよ。また，等号が成り立つのはどのようなときか。

(1)　$a + \dfrac{4}{a} \geqq 4$

(2)　$\left( a + \dfrac{1}{b} \right)\left( b + \dfrac{4}{a} \right) \geqq 9$

**練習** (基本) **32** $a$, $b$ は正の数とする。次の不等式が成り立つことを証明せよ。また，等号が成り立つのはどのようなときか。

(1)  $a+2+\dfrac{9}{a+2} \geqq 6$

(2)  $\left(a+\dfrac{2}{b}\right)\left(b+\dfrac{8}{a}\right) \geqq 18$

重要 例題 33

(1)  $x>0$ のとき，$x+\dfrac{16}{x+2}$ の最小値を求めよ。

(2) $x>0$, $y>0$ とする。$(3x+2y)\left(\dfrac{3}{x}+\dfrac{2}{y}\right)$ の最小値を求めよ。

**練習** (重要) **33** (1) $a>0$ のとき，$a-2+\dfrac{2}{a+1}$ の最小値を求めよ。

(2)  $a>0$, $b>0$ のとき, $(2a+3b)\left(\dfrac{8}{a}+\dfrac{3}{b}\right)$ の最小値を求めよ。

**基本** 例題 34 　　　　　　　　　　　　　　　　　　　　□ ▶解説動画

$a>0$, $b>0$, $a \neq b$ のとき, $\dfrac{a+b}{2}$, $\sqrt{ab}$, $\dfrac{2ab}{a+b}$, $\sqrt{\dfrac{a^2+b^2}{2}}$ の大小を比較せよ。

**練習** (基本) **34** (1) $0<a<b,\ a+b=1$ のとき，$\dfrac{1}{2},\ a,\ b,\ 2ab,\ a^2+b^2$ の大小を比較せよ。

(2)  $0 < a < b < c < d$ のとき，$\dfrac{a}{d}$，$\dfrac{c}{b}$，$\dfrac{ac}{bd}$，$\dfrac{a+c}{b+d}$ の大小を比較せよ。

# 7. 複 素 数

## 基本 例題 35

次の計算をせよ。

(1) $(4+5i)-(3-2i)$

(2) $(2+i)^2$

(3) $(2+\sqrt{-5})(3-\sqrt{-5})$

(4) $\dfrac{2+5i}{3-2i}$

(5) $\dfrac{3+2i}{2+i}-\dfrac{i}{1-2i}$

**練習** (基本) **35** 次の計算をせよ。

(1) $(5-3i)-(3-2i)$

(2) $(3-i)^2$

(3) $(\sqrt{-3}+2)(\sqrt{-3}-3)$

(4) $\dfrac{1+2i}{2-i}$

(5) $\dfrac{2-i}{3+i}-\dfrac{5+10i}{1-3i}$

## 基本 例題 36

次の等式を満たす実数 $x$, $y$ の値を，それぞれ求めよ。

(1) $(4+2i)x+(1+4i)y+7=0$

(2)　$(x+2yi)(1+i)=3-2i$

**練習** (基本) **36** (1)　次の等式を満たす実数 $x$, $y$ の値を，それぞれ求めよ。

(ア)　$(3+2i)x+2(1-i)y=17-2i$

(イ)　$(1+xi)(3-7i)=1+yi$

(2) $\dfrac{1+xi}{3+i}$ が （ア）実数 （イ）純虚数 となるように, 実数 $x$ の値を定めよ。

## 基本 例題 37

2乗すると $6i$ になるような複素数 $z$ を求めよ。

**練習** (基本) **37**　2乗すると $i$ になるような複素数 $z$ を求めよ。

重｜要 例題 38

次の計算をせよ。

(1)　$(1-i)^{10}$

(2)  $i + i^2 + i^3 + \cdots\cdots + i^{35}$

**練習** (重要) **38**  次の計算をせよ。

(1)  $(\sqrt{3} + i)^8$

(2)  $i - i^2 + i^3 - i^4 + \cdots\cdots + i^{49} - i^{50}$

## 8. 2次方程式の解と判別式

### 基本 例題 39

次の2次方程式を解け。

(1) $3x^2+5x-2=0$

(2) $2x^2+5x+4=0$

(3) $\dfrac{1}{10}x^2-\dfrac{1}{5}x+\dfrac{1}{2}=0$

(4) $(\sqrt{3}-1)x^2+2x+(\sqrt{3}+1)=0$

**練習** (基本) **39** 次の2次方程式を解け。

(1) $4x^2-8x+3=0$

(2) $3x^2-5x+4=0$

(3)  $2x(3-x)=2x+3$

(4)  $\dfrac{1}{2}x^2+\dfrac{1}{4}x-\dfrac{1}{3}=0$

(5)  $(2+\sqrt{3})x^2+2(\sqrt{3}+1)x+2=0$

**基本 例題 40**

次の 2 次方程式の解の種類を判別せよ。ただし，$k$ は定数とする。

(1)  $3x^2-5x+3=0$

(2)  $2x^2-(k+2)x+k-1=0$

(3)  $x^2+2(k-1)x-k^2+4k-3=0$

**練習** (基本) **40** 次の 2 次方程式の解の種類を判別せよ。ただし，$k$ は定数とする。

(1) $x^2 - 3x + 1 = 0$

(2) $4x^2 - 12x + 9 = 0$

(3) $-13x^2 + 12x - 3 = 0$

(4) $x^2 - (k-3)x + k^2 + 4 = 0$

(5) $x^2 - (k-2)x + \dfrac{k}{2} + 5 = 0$

## 基本 例題 41

□ ▶解説動画

$k$ は定数とする。次の2つの2次方程式

$$x^2 - kx + k^2 - 3k = 0 \quad \cdots\cdots ① , \qquad (k+8)x^2 - 6x + k = 0 \quad \cdots\cdots ②$$

について，次の条件を満たす $k$ の値の範囲をそれぞれ求めよ。

(1) ①，② のうち，少なくとも一方が虚数解をもつ。

(2) ①，② のうち，一方だけが虚数解をもつ。

**練習** (基本) **41**　2次方程式 $x^2+4ax+5-a=0$ …… ①, $x^2+3x+3a^2=0$ …… ② について, 次の条件を満たす定数 $a$ の値の範囲を求めよ。

(1) ①, ② がどちらも実数解をもたない。

(2) ①, ② の一方だけが虚数解をもつ。

重要 例題 42

$x$ の方程式 $(i+1)x^2+(k+i)x+ki+1=0$ が実数解をもつとき，実数 $k$ の値を求めよ。ただし，$i^2=-1$ とする。

練習 (重要) 42　$k$ を実数の定数，$i=\sqrt{-1}$ を虚数単位とする。$x$ の 2 次方程式 $(1+i)x^2+(k+i)x+3-3ki=0$ が純虚数解をもつとき，$k$ の値を求めよ。

## 9. 解と係数の関係，解の存在範囲

### 基本 例題 43

2次方程式 $x^2-2x+3=0$ の2つの解を $\alpha$，$\beta$ とする。次の式の値を求めよ。

(1) $(\alpha+1)(\beta+1)$

(2) $\alpha^2+\beta^2$

(3) $\alpha^3+\beta^3$

(4) $\dfrac{\beta}{\alpha-1}+\dfrac{\alpha}{\beta-1}$

**練習** (基本) **43** 2次方程式 $2x^2+8x-3=0$ の2つの解を $\alpha$，$\beta$ とする。次の式の値を求めよ。

(1) $\alpha^2\beta+\alpha\beta^2$

(2)  $2(3-\alpha)(3-\beta)$

(3)  $\alpha^3 + \beta^3$

(4)  $\alpha^4 + \beta^4$

(5)  $\dfrac{1}{\alpha} + \dfrac{1}{\beta}$

(6)  $\dfrac{\beta}{\alpha} + \dfrac{\alpha}{\beta}$

$\boxed{重}\boxed{要}$ **例題 44**

$\square$ $\triangleright$ 解説動画

2次方程式 $2x^2+4x+3=0$ の2つの解を $\alpha$, $\beta$ とする。このとき, $(\alpha-1)(\beta-1)=\overset{ア}{\boxed{\phantom{00}}}$ であり,

$(\alpha-1)^4+(\beta-1)^4=\overset{イ}{\boxed{\phantom{00}}}$ である。

**練習** (重要) **44** 2次方程式 $x^2-3x+7=0$ の2つの解を $\alpha$, $\beta$ とする。このとき,

$(2-\alpha)(2-\beta)=\overset{ア}{\boxed{\phantom{00}}}$ であり, $(\alpha-2)^3+(\beta-2)^3=\overset{イ}{\boxed{\phantom{00}}}$ である。

**基本** 例題 45

2次方程式 $x^2-6x+k=0$ について，次の条件を満たすように，定数 $k$ の値を定めよ。

(1) 1つの解が他の解の2倍

(2) 1つの解が他の解の2乗

**練習** (基本) **45**　(1)　2次方程式 $x^2-(k-1)x+k=0$ の2つの解の比が $2:3$ となるとき，定数 $k$ の値を求めよ。

(2)　$x$ の2次方程式 $x^2-2kx+k=0$ ($k$ は定数) が異なる2つの解 $\alpha$, $\alpha^2$ をもつとき，$\alpha$ の値を求めよ。

## 基本 例題 46

次の式を，複素数の範囲で因数分解せよ。

(1)　$2x^2-3x+4$

(2)　$x^4-64$

(3)　$x^4+4x^2+36$

**練習** (基本) **46** 次の式を，複素数の範囲で因数分解せよ。

(1)  $\sqrt{3}\,x^2 - 2\sqrt{2}\,x + \sqrt{27}$

(2)  $x^4 - 81$

(3)  $x^4 + 2x^2 + 49$

**重** **要** 例題 47

$x^2+3xy+2y^2-3x-5y+k$ が $x$, $y$ の 1 次式の積に因数分解できるとき，定数 $k$ の値を求めよ。
また，その場合に，この式を因数分解せよ。

**練習** (重要) **47**　次の 2 次式が $x$, $y$ の 1 次式の積に因数分解できるように，定数 $k$ の値を定めよ。また，その場合に，この式を因数分解せよ。

(1)　$x^2 + xy - 6y^2 - x + 7y + k$

(2) $2x^2 - xy - 3y^2 + 5x - 5y + k$

**重要 例題 48**

2次方程式 $x^2 - mx + p = 0$ の2つの解を $\alpha$, $\beta$ とし, 2次方程式 $x^2 - mx + q = 0$ の2つの解を $\gamma$, $\delta$ (デルタと読む) とする。

(1) $(\gamma - \alpha)(\gamma - \beta)$ を $p$, $q$ を用いて表せ。

(2) $p$, $q$ が $x$ の2次方程式 $x^2 - (2n+1)x + n^2 + n - 1 = 0$ の解であるとき, $(\gamma - \alpha)(\gamma - \beta)(\delta - \alpha)(\delta - \beta)$ の値を求めよ。

**練習** (重要) **48** (1) $x$ の2次方程式 $(x-a)(x-b) - 2x + 1 = 0$ の解を $\alpha$, $\beta$ とする。このとき, $(x-\alpha)(x-\beta) + 2x - 1 = 0$ の解を求めよ。

(2) 2次方程式 $(x-1)(x-2)+(x-2)x+x(x-1)=0$ の2つの解を $\alpha$, $\beta$ とするとき，

$\dfrac{1}{\alpha\beta}+\dfrac{1}{(\alpha-1)(\beta-1)}+\dfrac{1}{(\alpha-2)(\beta-2)}$ の値を求めよ。

## 基本 例題 49

□ ▷ 解説動画

(1) $\dfrac{-1+\sqrt{5}\,i}{2}$, $\dfrac{-1-\sqrt{5}\,i}{2}$ を2つの解とする2次方程式を1つ作れ。

(2) 和が3，積が3である2数を求めよ。

**練習** (基本) **49** (1)　次の 2 数を解とする 2 次方程式を 1 つ作れ。

　(ア)　3, −5

　(イ)　$2+\sqrt{5}$, $2-\sqrt{5}$

　(ウ)　$3+4i$, $3-4i$

(2)　和と積が次のようになる 2 数を求めよ。

　(ア)　和が 7, 積が 3

　(イ)　和が −1, 積が 1

**基本 例題 50**

(1) 2次方程式 $x^2-2x+3=0$ の2つの解を $\alpha$, $\beta$ とするとき, $\alpha+\dfrac{1}{\beta}$, $\beta+\dfrac{1}{\alpha}$ を解とする2次方程式を1つ作れ。

(2) 2次方程式 $x^2+px+q=0$ の2つの異なる実数解を $\alpha$, $\beta$ とするとき, 2数 $\alpha+1$, $\beta+1$ が2次方程式 $x^2-3p^2x-2pq=0$ の解になっているという。このとき, 実数の定数 $p$, $q$ の値を求めよ。

**練習** (基本) **50** (1) 2次方程式 $2x^2-4x+1=0$ の 2 つの解を $\alpha$, $\beta$ とするとき，$\alpha-\dfrac{1}{\alpha}$, $\beta-\dfrac{1}{\beta}$ を解とする 2 次方程式を 1 つ作れ。

(2) 2次方程式 $x^2+px+q=0$ は，異なる 2 つの解 $\alpha$, $\beta$ をもつとする。2 次方程式 $x^2+qx+p=0$ が 2 つの解 $\alpha(\beta-2)$, $\beta(\alpha-2)$ をもつとき，実数の定数 $p$, $q$ の値を求めよ。

**基 本 例題** 51

2次方程式 $x^2-(a-10)x+a+14=0$ が次のような解をもつように，定数 $a$ の値の範囲を定めよ。

(1) 異なる2つの正の解

(2) 異符号の解

**練習** (基本) **51**　2次方程式 $x^2 - 2(k+1)x + 2(k^2 + 3k - 10) = 0$ の解が次の条件を満たすような定数 $k$ の値の範囲を求めよ。

(1)　異符号の解をもつ

(2)　正でない実数解のみをもつ

**基本** 例題 52

2次方程式 $x^2 - 2px + p + 2 = 0$ が次の条件を満たす解をもつように，定数 $p$ の値の範囲を定めよ。

(1) 2つの解がともに1より大きい。

(2) 1つの解は3より大きく，他の解は3より小さい。

**練習** (基本) **52** 2次方程式 $x^2-2(a-4)x+2a=0$ が次の条件を満たす解をもつように，定数 $a$ の値の範囲を定めよ。

(1) 2つの解がともに2より大きい。

(2) 2つの解がともに2より小さい。

(3) 1つの解が4より大きく，他の解は4より小さい。

重 要 例題 53

$2$ 次方程式 $x^2 - mx + 3m = 0$ が整数解のみをもつような定数 $m$ の値とそのときの整数の解をすべて求めよ。

**練習** (重要) **53** (1) 2次方程式 $x^2-(k+6)x+6=0$ の解がすべて整数となるような定数 $k$ の値とそのときの整数解をすべて求めよ。

(2) $p$ を正の定数とする。$x^2+px+2p=0$ の2つの解 $\alpha$, $\beta$ がともに整数となるとき，組 $(\alpha, \beta, p)$ をすべて求めよ。

## １０．剰余の定理と因数定理

### 基本 例題54

□ ▷解説動画

次の条件を満たすように，定数 $a$，$b$ の値をそれぞれ定めよ。

(1) 多項式 $P(x)=x^3+ax+6$ は $x+3$ で割り切れる。

(2) 多項式 $P(x)=4x^3+ax^2-5x+3$ を $2x+1$ で割ると 4 余る。

(3) 多項式 $P(x)=x^3+ax^2+bx-9$ は $x+3$ で割り切れ，$x-2$ で割ると $-5$ 余る。

**練習** (基本) **54** (1) $2x^3+3ax^2-a^2+6$ が $x+1$ で割り切れるように，定数 $a$ の値を定めよ。

(2) $2x^3+ax^2+bx-3$ は $x-3$ で割り切れ，$2x-1$ で割ると余りが $5$ であるという。このとき，定数 $a$，$b$ の値を求めよ。

## 基本 例題 55

(1) 多項式 $P(x)$ を $x-1$ で割ると余りは $5$，$x-2$ で割ると余りは $7$ となる。このとき，$P(x)$ を $x^2-3x+2$ で割った余りを求めよ。

(2) 多項式 $P(x)$ を $x^2-1$ で割ると $4x-3$ 余り，$x^2-4$ で割ると $3x+5$ 余る。このとき，$P(x)$ を $x^2+3x+2$ で割った余りを求めよ。

**練習** (基本) **55** (1)　多項式 $P(x)$ を $x+2$ で割った余りが $3$, $x-3$ で割った余りが $-1$ のとき, $P(x)$ を $x^2-x-6$ で割った余りを求めよ。

(2)　多項式 $P(x)$ を $x^2+5x+4$ で割ると $2x+4$ 余り, $x^2+x-2$ で割ると $-x+2$ 余るという。このとき, $P(x)$ を $x^2+6x+8$ で割った余りを求めよ。

**基本 例題 56**

多項式 $P(x)$ を $x+1$ で割ると余りが $-2$, $x^2-3x+2$ で割ると余りが $-3x+7$ であるという。このとき, $P(x)$ を $(x+1)(x-1)(x-2)$ で割った余りを求めよ。

**練習** (基本) **56**　多項式 $P(x)$ を $(x-1)(x+2)$ で割った余りが $7x$, $x-3$ で割った余りが $1$ であるとき, $P(x)$ を $(x-1)(x+2)(x-3)$ で割った余りを求めよ。

重要 **例題 57**

解説動画

(1) $n$ を 2 以上の自然数とするとき,$x^n - 1$ を $(x-1)^2$ で割ったときの余りを求めよ。

(2) $3x^{100} + 2x^{97} + 1$ を $x^2 + 1$ で割ったときの余りを求めよ。

**練習** (重要) **57** (1) $n$ を 2 以上の自然数とするとき，$x^n$ を $(x-2)^2$ で割ったときの余りを求めよ。

(2) $x^{10}+x^5+1$ を $x^2+4$ で割ったときの余りを求めよ。

**基本** 例題 **58**

次の式を因数分解せよ。

(1) $x^3-x^2-10x-8$

(2)　$2x^4-3x^3-x^2-3x+2$

**練習** (基本) **58**　次の式を因数分解せよ。

(1)　$x^3-x^2-4$

(2)　$2x^3-5x^2-x+6$

(3)　$x^4-4x+3$

(4)　$x^4-2x^3-x^2-4x-6$

(5)　$12x^3-5x^2+1$

## 基本 例題 59

$x=1+\sqrt{2}\,i$ のとき，次の式の値を求めよ。

$$P(x)=x^4-4x^3+2x^2+6x-7$$

**練習** (基本) **59**　$x=\dfrac{1-\sqrt{3}\,i}{2}$ のとき，$x^5+x^4-2x^3+x^2-3x+1$ の値を求めよ。

## 11. 高次方程式

**基 本** 例題60

次の方程式を解け。

(1)  $x^3 = 27$

(2)  $x^4 - x^2 - 6 = 0$

(3)  $x^4 + x^2 + 4 = 0$

**練習** (基本) **60**　次の方程式を解け。

(1)　$x^4 = 16$

(2)　$x^4 - x^2 - 12 = 0$

(3)　$x^4 - 3x^2 + 9 = 0$

## 基本 例題 61

次の方程式を解け。

(1) $x^3 + 3x^2 + 4x + 4 = 0$

(2) $2x^4 + 5x^3 + 5x^2 - 2 = 0$

**練習** (基本) **61** 次の方程式を解け。

(1) $3x^3 + 4x^2 - 6x - 7 = 0$

(2) $x^4 + 6x^3 - 24x - 16 = 0$

重要 例題 62

(1)  $t=x+\dfrac{1}{x}$ とおく。$x$ の 4 次方程式 $2x^4-9x^3-x^2-9x+2=0$ から $t$ の 2 次方程式を導け。

(2)  (1) を利用して，方程式 $2x^4-9x^3-x^2-9x+2=0$ を解け。

**練習** (重要) **62** 方程式 $x^4 - 7x^3 + 14x^2 - 7x + 1 = 0$ を $t = x + \dfrac{1}{x}$ のおき換えを利用して解け。

## 基本 例題 63

解説動画

(1) 1の3乗根を求めよ。

(2) 1の3乗根のうち，虚数であるものの1つを $\omega$ とする。

(ア) $\omega^2$ も1の3乗根であることを示せ。

(イ) $\omega^7 + \omega^8$, $\dfrac{1}{\omega} + \dfrac{1}{\omega^2} + 1$, $(\omega + 2\omega^2)^2 + (2\omega + \omega^2)^2$ の値をそれぞれ求めよ。

練習 (基本) 63　$\omega$ が $x^2 + x + 1 = 0$ の解の1つであるとき，次の式の値を求めよ。

(1) $\omega^{100} + \omega^{50}$

(2) $\dfrac{1}{\omega^8}+\dfrac{1}{\omega^4}$

(3) $(\omega^{200}+1)^{100}+(\omega^{100}+1)^{10}+2$

**基 本 例題 64**

$f(x)=x^{80}-3x^{40}+7$ とする。

(1) 方程式 $x^2+x+1=0$ の解の1つを $\omega$ とするとき，$f(\omega)$ の値を $\omega$ の1次式で表せ。

(2) $f(x)$ を $x^2+x+1$ で割ったときの余りを求めよ。

**練習** (基本) **64** $x^{2024}$ を $x^2+x+1$ で割ったときの余りを求めよ。

**基 本 例題 65**

3次方程式 $x^3+x^2+ax+b=0$ の解のうち，2つが $-1$ と $-3$ である。このとき，定数 $a$, $b$ の値と他の解を求めよ。

**練習** (基本) **65** 3次方程式 $x^3+ax^2-21x+b=0$ の解のうち，2つが $1$ と $3$ である。このとき，定数 $a$, $b$ の値と他の解を求めよ。

**基本 例題 66**

3 次方程式 $x^3 + ax^2 + bx + 10 = 0$ の 1 つの解が $x = 2 + i$ であるとき，実数の定数 $a$, $b$ の値と，他の解を求めよ。

**練習** (基本) **66** 　方程式 $x^4 + ax^2 + b = 0$ が $2 - i$ を解にもつとき，実数の定数 $a$, $b$ の値と他の解を求めよ。

**基本** 例題 67　　　　　　　　　　　　　　　　　　　　　　　□

3次方程式 $x^3+(a-2)x^2-4a=0$ が 2 重解をもつように，実数の定数 $a$ の値を定めよ。

**練習** (基本) **67**　$a$ を実数の定数とする。3 次方程式 $x^3+(a+1)x^2-a=0$ …… ① について

(1)　① が 2 重解をもつように，$a$ の値を定めよ。

(2)　① が異なる 3 つの実数解をもつように，$a$ の値の範囲を定めよ。

重要 例題 68 解説動画

3次方程式 $x^3-3x+5=0$ の3つの解を $\alpha$, $\beta$, $\gamma$ とするとき, $\alpha^2+\beta^2+\gamma^2$, $(\alpha-1)(\beta-1)(\gamma-1)$, $\alpha^3+\beta^3+\gamma^3$ の値をそれぞれ求めよ。

**練習** (重要) **68** $x^3-2x^2-4=0$ の3つの解を $\alpha$, $\beta$, $\gamma$ とする。次の式の値を求めよ。

(1) $\alpha^2+\beta^2+\gamma^2$

(2) $(\alpha+1)(\beta+1)(\gamma+1)$

(3) $\alpha^3+\beta^3+\gamma^3$

**重要 例題 69**

3次方程式 $x^3-2x^2-x+3=0$ の3つの解を $\alpha$, $\beta$, $\gamma$ とするとき, $\alpha+\beta$, $\beta+\gamma$, $\gamma+\alpha$ を解とする 3次方程式を1つ作れ。

**練習 (重要) 69** 3次方程式 $x^3-3x^2-5=0$ の3つの解を $\alpha$, $\beta$, $\gamma$ とする。次の3つの数を解とする 3次方程式を求めよ。

(1) $\alpha-1$, $\beta-1$, $\gamma-1$

(2) $\dfrac{\beta+\gamma}{\alpha}$, $\dfrac{\gamma+\alpha}{\beta}$, $\dfrac{\alpha+\beta}{\gamma}$

重要 例題 70

解説動画

次の不等式を解け。ただし，$a$ は正の定数とする。

$$x^3 - (a+1)x^2 + (a-2)x + 2a \leqq 0$$

**練習** (重要) **70** 次の不等式を解け。ただし，(2) の $a$ は正の定数とする。

(1) $x^3 - 3x^2 - 10x + 24 \geqq 0$

(2) $x^3 - (a+1)x^2 + ax \geqq 0$